数学不烦恼

不烦恼

从**因数**、**倍数**和**质数**到**费马大定理**

【韩】郑玩相◎著　【韩】金愍◎绘　章科佳　王艺◎译

华东理工大学出版社
EAST CHINA UNIVERSITY OF SCIENCE AND TECHNOLOGY PRESS

·上海·

图书在版编目（CIP）数据

数学不烦恼. 从因数、倍数和质数到费马大定理 /
（韩）郑玩相著；（韩）金愍绘；章科佳，王艺译. —
上海：华东理工大学出版社，2024.5
　　ISBN 978-7-5628-7361-7

　　Ⅰ.①数… Ⅱ.①郑… ②金… ③章… ④王… Ⅲ.
①数学－青少年读物 Ⅳ.①O1-49

中国国家版本馆CIP数据核字（2024）第078572号

著作权合同登记号：图字09-2024-0144

중학교에서도 통하는 초등수학 개념 잡는 수학툰 3: 약수, 배수, 소수에서
페르마의 정리까지
Text Copyright © 2021 by Weon Sang, Jeong
Illustrator Copyright © 2021 by Min, Kim
Simplified Chinese translation copyright © 2024 by East China University of
Science and Technology Press Co., Ltd.
This simplified Chinese translation copyright arranged with SUNGLIMBOOK
through Carrot Korea Agency, Seoul, KOREA
All rights reserved.

策划编辑 / 曾文丽
责任编辑 / 张润梓
责任校对 / 张　波
装帧设计 / 居慧娜
出版发行 / 华东理工大学出版社有限公司
　　　　　地址：上海市梅陇路 130 号，200237
　　　　　电话：021-64250306
　　　　　网址：www.ecustpress.cn
　　　　　邮箱：zongbianban@ecustpress.cn
印　　刷 / 上海邦达彩色包装印务有限公司
开　　本 / 890 mm × 1240 mm　1/32
印　　张 / 4.5
字　　数 / 80 千字
版　　次 / 2024 年 5 月第 1 版
印　　次 / 2024 年 5 月第 1 次
定　　价 / 35.00 元

理解数学的思维和体系，
发现数学的美好与有趣！

▲▲▲▲▲▲▲▲▲▲▲▲▲▲▲▲▲▲▲▲▲▲▲▲▲▲▲▲

《数学不烦恼》系列丛书的内容构成

数学漫画——走进数学的奇幻漫画世界

漫画最大限度地展现了作者对数学的独到见解。

学起来很吃力的数学，原来还可以这么有趣！

知识点梳理——打通中小学数学教材之间的"任督二脉"

中小学数学的教材内容是相互衔接的，本书对相关的衔接内容进行了单独呈现。

概念整理自测题——测验对概念的理解程度

解答自测题，可以确认自己对书中内容的理解程度，书末的附录中还附有详细的答案。

郑教授的视频课——近距离感受作者的线上授课

扫一扫二维码，就能立即观看作者的线上授课视频。从有趣的数学漫画到易懂的插图和正文，从概念整理自测题再到在线视频，整个阅读体验充满了乐趣。

术语解释——网罗书中的术语

本书的"术语解释"部分运用通俗易懂的语言对一些重要的术语进行了整理和解释，以帮助读者更好地理解它们，

达到和中小学数学教材内容融会贯通的效果。当需要总结相关概念的时候，或是在阅读本书的过程中想要回顾相关表述时，读者都可以在这一部分找到解答。

大家好！我是郑教授。

嘿！

数 学 不 烦 恼

从因数、倍数和质数到费马大定理

知识点梳理

年 级	分年级知识点		涉及的典型问题
小 学	一年级	找规律	约分和通分
	三年级	时、分、秒	求最大公因数
	三年级	长方形和正方形	求最小公倍数
	五年级	因数和倍数	判断质数和合数
	五年级	分数的意义和性质	分解质因数
	五年级	长方体和正方体	同底数幂的乘法
	六年级	分数乘法	阶乘
	六年级	比例	
初 中	七年级	有理数	
	七年级	一元一次方程	
	八年级	勾股定理	
	八年级	整式的乘法与因式分解	
高 中	三年级	排列与组合	

目录

 找规律、因数和倍数、分数的意义和性质

专题 2

最大公因数

小学　因数和倍数、比例、分数的意义和性质、长方形和正方形、长方体和正方体

初中　一元一次方程

专题 3

倍数和最小公倍数

小学　时、分、秒，因数和倍数，分数的意义和性质，比例，分数乘法

初中　一元一次方程

走进数学的奇幻世界！

专题 4

质数的奥秘

小学　找规律、因数和倍数、分数的意义和性质

初中　一元一次方程

专题 5

寻找质数

小学　因数和倍数、分数的意义和性质、有
　　　理数

高中　排列与组合

专题 6

费马大定理

  因数和倍数、分数的意义和性质

有理数、勾股定理，整式的乘法与
因式分解

专题 总结

附录

培养数学的眼光去观察生活

　　世界是由什么组成的呢？很多古代哲学家都对这一问题非常感兴趣，他们也分别提出了各自的主张。泰勒斯认为，世间的一切皆源自水；而亚里士多德则认为世界是由土、气、水、火构成的。可能在我们现代人看来，他们的这些观点非常荒谬。然而，先贤们的这些想法对于推动科学的发展意义重大。尽管观点并不准确，但我们也应当对他们这种努力解释世界本质的探究精神给予高度评价。

　　我希望孩子们能够抱着古代哲学家的这种心态去看待数学。如果用数学的眼光去观察、研究日常生活中遇到的各种现象，那么会是一种什么样的体验呢？如此一来，孩子们仅在教室里也能够发现许多数学原理。从教室的座位布局中，可以发现"行和列"；在调整座次、换新同桌时，就会想到"概率"；在组建学习小组时，又会联想到"除法"；在根据同班同学不同的特点，对他们进行分类的时候，会更加理解"集合"的概念。像这样，如果孩子们将数学当作观察世间万物的"眼睛"，那么数学就不再仅仅是一个单纯的解题工具，而是一门实用的学问，是帮助人们发现生活中各种有趣事物的方法。

　　而这本书恰好能够培养、引导孩子用数学的眼光观察这个世界。它将各年级学过的零散的数学知识按主题进行重新整合，把数学的概念和孩子的日常生活紧密相连，让孩子在沉浸于书中内容的同时，轻松快乐地学会数学概念和原理。对于学数学感到吃力的孩子来说，这将成为一次愉快的学习经历；而对于喜欢数学的孩子来说，又会成为一个发现数学价值的机会。希望通过这本书，能有更多的孩子获得将数学生活化的体验，更加地热爱数学。

中国科学院自然史研究所副研究员、数学史博士
郭园园

一本宛如动漫电影的数学读物

人类用数字这一工具来描述对象，就可以在计量上达成共识，比如：

"质量"的大小

"长度"的长短

"面积"的多少

"体积"的大小

什么是"多"

什么是"少"

同理，人们使用"因数"，意味着找到了将一定的量平均分配的合理方案。因数体现了平均分配的各种可能。以分苹果为例：12的因数有1，2，3，4，6，12；因数1表示12个苹果可以平均分配给12人，每人

1个；因数2表示可以分给6人，每人2个；因数3表示可以分给4人，每人3个；因数4表示可以分给3人，每人4个；因数6表示可以分给2人，每人6个；因数12表示可以分给1人，每人12个。这就将12个苹果进行平均分配的各种可能通过因数的概念展现了出来。人类发现利用因数可以进行平均分配后，找到了60这个不大，但拥有众多因数的数字，创立了60进制，意图利用60进制来划分世间所有的量，可能就是因为当时的数学家认为易于平均分配是非常重要的。

作者还以完全数为中心，讲述了亏数、盈数、亲和数等有趣的数，并介绍了相关的规律。原本无趣的计算对象，摇身一变成了游戏的对象，计算的过程也变成了有趣的数学活动，这就是这本书带给我们的意义。这本书就像是一部动漫电影，时而用画面，时而用对话来讲述寻找数字意义的方式。

作者在这本书中主要介绍了因数、倍数、最大公因数、最小公倍数、质数、分解质因数等，将小学生能看懂的知识以漫画的形式进行讲解，寓教于乐。但这本书并未止步于此，而是进一步介绍了初中、高中要深入学习和运用的勾股定理、阶乘等，甚至还有连很多数学家都难以解决的费马大定理。作者并没有强制读者去理解费马大定理，而是聚焦于安德鲁·怀尔斯实现梦想的故事——他在10岁的时候，读到《费马大定理》一书，便树立了要解决这一难题的梦想，经过30多年的努力最终实现了梦想。作者想说的是，当年仅10岁的少年怀揣数学梦想之时，就已经开始踏上解开这一尘封350多年的数学难题的道路了。正如作者在自序中说的那样——希望通过这本书，大家都能够成为一名小小数学家。换句话说，这个故事中隐含了作者希望读者树立数学梦想的殷殷期望。

这本书借用漫画的形式，给数学注入了情绪和感情，使文字更加平易近人。数学漫画中的三位主人公仿佛就是我们的化身，代替我们提问和解答。在阅读这本书的过程中，大家可能会发现自己也沉浸在质数的有趣性质中，或是寻找数字意义的有趣故事中。

推荐你现在就阅读这本书。

韩国数学教师协会原会长
李东昕

解决数学应用题烦恼的必读书目

很多学生觉得数学的应用题学起来非常困难。在过去，小学数学的教学目的就是解出正确答案，而现在，小学数学的教学越来越重视培养学生利用原有知识创造新知识的能力。而应用题属于文字叙述型问题，通过接触日常生活中的数学应用并加以解答，有效地提高孩子解决实际问题的能力。对于现在某些早已习惯了视频、漫画的孩子来说，仅是独立地阅读应用题的文字叙述本身可能就已经很困难了。

这本书具有很多优点，让读者沉浸其中，仿佛在现场聆听作者的讲课一样。另外，作者对孩子们好奇的问题了然于心，并对此做出了明确的回答。

在阅读这本书的过程中，擅长数学的学生会对数学更加感兴趣，而自认为学不好数学的学生，也会在不知不觉间神奇地体会到数学水平大幅度提升。

这本书围绕着主人公柯马的数学问题和想象展开，读者在阅读过程中，就会不自觉地跟随这位不擅长数学应用题的主人公的思路，加深对中小学数学各个重要内容的理解。书中还穿插着在不同时空转换的数学漫画，它使得各个专题更加有趣生动，能够激发读者的好奇心。全书内容通俗易懂，还涵盖了各种与数学主题相关的、神秘而又有趣的故事。

　　最后，正如作者在自序中所提到的，我也希望阅读此书的学生都能够成为一名小小数学家。

上海市松江区泗泾第五小学数学教师

徐金金

数学
——一门美好又有趣的学科

　　数学是一门美好又有趣的学科。倘若第一步没走好，这一美好的学科也有可能成为世界上最令人讨厌的学科。相反，如果从小就通过有趣的数学书感受到数学的魅力，那么你一定会喜欢上数学，对数学充满自信。

　　正是基于此，本书旨在让开始学习数学的小学生，以及可能开始对数学产生厌倦的青少年找到数学的乐趣。为此，本书的语言力求通俗易懂，让小学生也能够理解中学乃至更高层次的数学内容。同时，本书内容主要是围绕数学漫画展开的。这样，读者就可以通过有趣的故事，理解数学中重要的概念。

　　数学家们的逻辑思维能力很强，同时他们又有很多"出其不意"的想法。当"出其不意"遇上逻辑，他们便会进入一个全新的数学世界。书中研究因数、倍数以及质数的数学家们便是如此。本书主要介绍了自然数的有趣性质。本书的内容始于因数、倍数、最大公因数、最小公倍数、质数等小学水平的概念，终于费马大定理这一终身研究数学的人可能都无法证明的定理。事实上，本书最后提及的安德鲁·怀尔斯的证明，在全世界范围内，也只有屈指可数的数学家能够理解。不过，这里的重点是安德鲁·怀尔斯树立要证明费马大定理的伟大抱负，正是在他小学的时候。大家也可以把自己想要成为一名伟大数学家的理想写在自己的笔记本上。待大家在数学上更进一步之后，再次翻看这本笔记，心中肯定会感慨万千。因此，我建议大家怀着能够开创全新数学成就的自信，去记录有趣的数学笔记或撰写数学日记。

希望大家不要把提高分数当作学习数学的唯一目的，而是把数学看作给人生带来快乐的游戏，永葆一颗求新之心，这样大家的梦想终将会实现。

本书涉及中小学数学教材中的知识点如下：

小学：找规律，时、分、秒，长方形和正方形，因数和倍数，分数的意义和性质，长方体和正方体，分数乘法，比例

初中：有理数、一元一次方程、勾股定理、整式的乘法与因式分解

高中：排列与组合

希望通过本书中介绍的因数和倍数的性质、质数的性质、费马大定理等内容，大家能够感受到数学的神秘和美丽。

　　最后，希望通过这本书，大家都能够成为一名小小数学家。

韩国庆尚国立大学教授

郑玩相

柯马

因数学不好而苦恼的孩子

充满好奇心的柯马有一个烦恼，那就是不擅长数学，尤其是应用题，一想到就头疼，并因此非常讨厌上数学课。为数学而发愁的柯马，能解决他的烦恼吗？

闹钟形状的数学魔法师

原本是柯马床边的闹钟。来自数学星球的数学精灵将它变成了一个会飞的、闹钟形状的数学魔法师。

数钟

穿越时空的百变鬼才

数学精灵用柯马的床创造了它。它与柯马、数钟一起畅游时空，负责其中最重要的运输工作。它还擅长图形与几何。

床怪

因　数

　　因数就是能整除一个数且没有余数的数，也称"约数"。1是任何数的因数，任何数都是其本身的因数。因数中，除本身以外的因数叫作真因数。我们将在本专题中一起学习与真因数有关的有趣的数，包括根据真因数之和，将自然数分为完全数、亏数、盈数；还会了解两个自然数的因数之间的特殊关系——亲和数和半亲和数，其中亲和数又被称作友爱数。

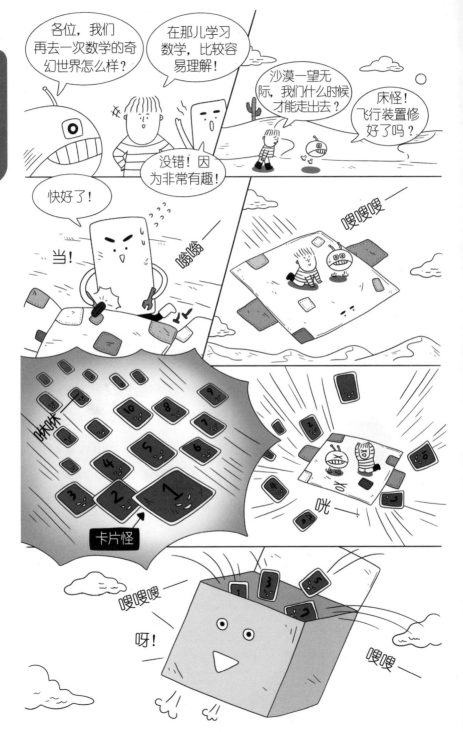

费曼尼亚之行
因数和因数的个数

开篇的数学漫画中涉及的内容就是因数。

我知道因数。因数就是能够整除一个数的数。

没错。因数就是能整除一个数且没有余数的数。6除以3余几?

余0。

余0意味着可以整除。也就是说,3可以整除6,因此3是6的因数。

4不是6的因数,这是因为6除以4还余2。

原来任何数的因数都比它本身要小啊。

并不是的。6除以6余几?

哦! 余0。

所以6也是6的因数。6的因数有1,2,3,6。柯马,你来求一下12的因数。

有1,2,3,6,12。

漏掉了一个。

4也可以整除12,所以4也是12的因数。因此,

12的因数有1，2，3，4，6，12。

有没有快速求因数的方法？

当然有啦。当我们求12的因数时，先试着写出所有的两数相乘等于12的式子。

$$1 \times 12 = 12$$
$$2 \times 6 = 12$$
$$3 \times 4 = 12$$

这时，所有的乘数和被乘数就是12的因数。

原来如此。

我发现1是所有正整数的因数。

没错，因为任何正整数都可以被1整除。此外，6是6的因数，7是7的因数，12是12的因数……如此一来，任何数都有它本身这个因数。

在前面的数学漫画中，你是怎么知道因数个数是奇数的数有1，4，9的呢？

两数相乘等于6的式子有$1 \times 6 = 6$，$2 \times 3 = 6$。所以，6的因数有1，2，3，6，一共4个。大部分数的因数个数是偶数，但也要注意一下例外。两数相乘等于4的式子有哪几个？

这还不简单。$1 \times 4 = 4$，$2 \times 2 = 4$。

4的因数有1，2，4，一共3个。

因数的个数是奇数呢。

 像4这样，可以用两个相同的数的乘积来表示的数，它的因数的个数是奇数。因为 $1 \times 1 = 1$，$2 \times 2 = 4$，$3 \times 3 = 9$，$4 \times 4 = 16$，所以 1，4，9，16 的因数个数都是奇数。

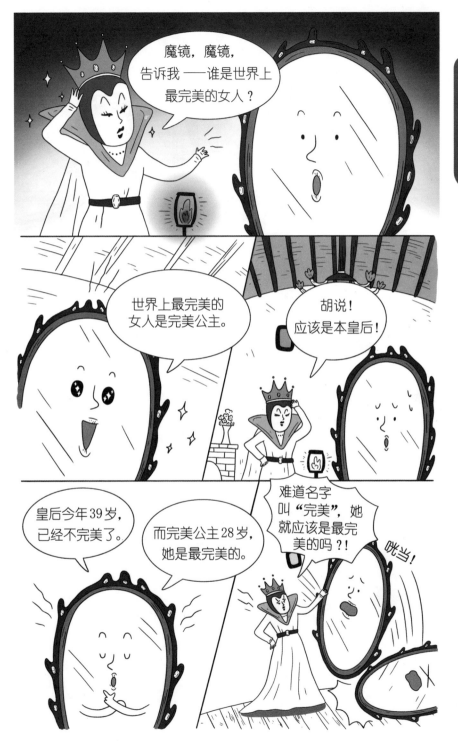

完全数、亏数和盈数
真因数之和

完美公主为什么是"完美"的？

这是因为她的年龄是一个完全数。

完全数是什么？

完全数用英语来说是"perfect number"，字面意思就是"完美的数"。6的因数是1，2，3，6，除去它本身还剩哪几个？

当然还剩1，2，3啦。

你试着把这三个数相加。

$1 + 2 + 3 = 6$。哇！三个数相加正好是6。

因数中除去这个数本身，剩下的因数叫作该数的真因数。完全数的特征是数本身等于其真因数之和。所以，6是完全数。

我们来检测一下4是不是完全数。4的因数是1，2，4，真因数是1和2。$1 + 2 = 3$，因此4不是完全数。

是的。像这样，真因数之和小于它本身的数叫作亏数。

😮 那么4是亏数。

🤓 我来看一下12。12的因数是1，2，3，4，6，12；真因数是1，2，3，4，6。1 + 2 + 3 + 4 + 6 = 16，真因数之和大于它本身。

🤖 真因数之和大于它本身的数叫作盈数。由此得知，自然数分为亏数、完全数和盈数。数学家们发现了一些完全数。以下这些数都是完全数：

6，28，496，8 128，33 550 336，8 589 869 056，…

🤓 完全数都是偶数吗？

🤖 迄今为止发现的都是偶数。如果谁能找出是奇数的完全数，那他将成为震惊世界的数学家。

🤓 那从今天起我要开始寻找是奇数的完全数。

😮 柯马，这对你来说也太难了吧？

🤓 这次我是认真的，你不相信我吗？

😮 才没有！我是担心你的事情太多，任务太重了。我们还得一起继续学习数学呢！

🤓 不必担心，我现在觉得数学越来越有趣了。

🤖 加油！完全数还有一个特殊的性质。如下列式子所示，完全数总是可以用连续的自然数之和来表示。

$$6 = 1 + 2 + 3$$

$$28 = 1 + 2 + 3 + 4 + 5 + 6 + 7$$

$$496 = 1 + 2 + 3 + 4 + 5 + 6 + 7 + 8 + 9 + \cdots + 30 + 31$$

$$8\,128 = 1 + 2 + 3 + 4 + 5 + 6 + 7 + 8 + \cdots + 126 + 127$$

这真有意思。

完全数6还有一个更有意思的性质。请看下列式子：

$$6 = 1 \times 2 \times 3$$

$$1 \times 1 \times 1 + 2 \times 2 \times 2 + 3 \times 3 \times 3 = 6 \times 6$$

这可真有趣。

完全数还有一个神奇的性质：大于6的完全数，各位上的数字之和除以9，一定余1。除6之外，我们来把完全数各位上的数依次相加。

$$2 + 8 = 10$$

$$4 + 9 + 6 = 19$$

$$8 + 1 + 2 + 8 = 19$$

$$3 + 3 + 5 + 5 + 0 + 3 + 3 + 6 = 28$$

$$8 + 5 + 8 + 9 + 8 + 6 + 9 + 0 + 5 + 6 = 64$$

10，19，28，64除以9的余数都是1，对吧？

数学真是越来越神奇啦。

亲和数和半亲和数
两个自然数的因数间的特别关系

有一种数叫作亲和数，又叫作友爱数。

是指两个数像朋友一样相亲相爱的意思吗？

没错。

怎么做才能让两个数成为朋友呢？

你来求一下284的真因数。

是1，2，4，71，142。

试着把这些数相加。

$1 + 2 + 4 + 71 + 142 = 220$。

现在再来写一下220的真因数。

1，2，4，5，10，11，20，22，44，55，110。

你再把这些数相加。

$1 + 2 + 4 + 5 + 10 + 11 + 20 + 22 + 44 + 55 + 110 = 284$。

284的真因数之和是220，220的真因数之和是284。像这样，一个数的真因数之和等于另外一个数本身，那这两个数的关系该有多亲密呀！因此，像这样的两个数叫作亲和数。

 还有其他的亲和数吗？

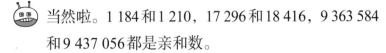 当然啦。1 184 和 1 210，17 296 和 18 416，9 363 584 和 9 437 056 都是亲和数。

这几对数可真有趣啊。

还有另外几对有趣的数呢。你写一下 48 的因数。

1，2，3，4，6，8，12，16，24，48。

你把除 1 之外的所有真因数相加。

$2 + 3 + 4 + 6 + 8 + 12 + 16 + 24 = 75$。

75 的因数有哪几个？除 1 之外的真因数之和是多少？

因数有 1，3，5，15，25，75，除 1 之外的真因数之和是 $3 + 5 + 15 + 25 = 48$。

哇！48 再次出现了。

满足这种关系的两个数叫作半亲和数。所以，48 和 75 是半亲和数。除此之外的半亲和数还有 140 和 195，1 050 和 1 925，1 575 和 1 648，等等。

1. 求100的所有因数。

2. 证明140和195是半亲和数。

3. 求满足12 ÷ □的商是自然数的所有□。

※自测题答案参考118页。

因数的应用问题

利用因数求解下列问题：

当 $\dfrac{12}{□}$ 的值为自然数时，求自然数□的个数。

让我们来试着按顺序在□里填入自然数。

注意：0不能作为分母。

若 □ = 1，$\dfrac{12}{□} = \dfrac{12}{1} = 12$，是自然数。

若 □ = 2，$\dfrac{12}{□} = \dfrac{12}{2} = 6$，是自然数。

若 □ = 3，$\dfrac{12}{□} = \dfrac{12}{3} = 4$，是自然数。

若 □ = 4，$\dfrac{12}{□} = \dfrac{12}{4} = 3$，是自然数。

若 □ = 5，$\dfrac{12}{□} = \dfrac{12}{5}$，不是自然数。

若 □ = 6，$\dfrac{12}{□} = \dfrac{12}{6} = 2$，是自然数。

若 □ = 7，$\dfrac{12}{□} = \dfrac{12}{7}$，不是自然数。

若 □ = 8，$\dfrac{12}{□} = \dfrac{12}{8}$，不是自然数。

若 □ = 9，$\dfrac{12}{□} = \dfrac{12}{9}$，不是自然数。

若 □ = 10，$\dfrac{12}{□} = \dfrac{12}{10}$，不是自然数。

若 □ = 11，$\dfrac{12}{□} = \dfrac{12}{11}$，不是自然数。

若 □ = 12，$\dfrac{12}{□} = \dfrac{12}{12} = 1$，是自然数。

在这里，使 $\dfrac{12}{□}$ 的值为自然数的□就是12的因数，分别是1，2，3，4，6，12，一共有6个。

最大公因数

两个或两个以上的数的共同因数叫作公因数，其中最大的叫作最大公因数。观察公因数和最大公因数的关系，会发现公因数也是最大公因数的因数。我们将在本专题中学习如何求出最大公因数，并探索最大公因数的多种应用方法。

费曼尼亚数学厨王大赛

寻找最大公因数

什么是最大公因数？

你说一下8的因数有哪几个。

1，2，4，8。

那12的因数呢？

1，2，3，4，6，12。

哪些数既是8的因数，又是12的因数？

1，2，4。

像这样，两个数的共同因数叫作公因数。因此，8和12的公因数是1，2，4。

那1是所有数的因数，所以永远为公因数。

没错。在12和8的公因数中，最大的数是几？

最大的数是4。

所以4就是它俩的最大公因数。

等一下！我发现一个有趣的事。

什么？

4的因数有1，2，4，所以公因数是最大公因数的因数啊。

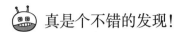 真是个不错的发现!

那有没有轻松求出最大公因数的方法?

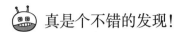 当然有啦。我们来求一下36和90的最大公因数。
先像下面这样写出来。

$$\begin{array}{c|cc} & 36 & 90 \end{array}$$

能够同时整除36和90的最小数是几?

当然是1啦。

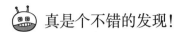 被1整除,所得的商与原数相同,除1之外,最小
的数是几?

两个数都是偶数,能同时被2整除。

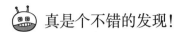 那么,像下图这样,把2写在左边,所得的商分别
写在36和90的下方。

$$\begin{array}{c|cc} 2 & 36 & 90 \\ \hline & 18 & 45 \end{array}$$

好了!　18和45还能同时被几整除呢?

18和45两个数还能同时被3整除。

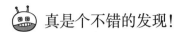 重复刚才的步骤,把18和45除以3的商对应地写
在下方。

$$
\begin{array}{r|cc}
2 & 36 & 90 \\
3 & 18 & 45 \\
\hline
& 6 & 15
\end{array}
$$

接下来，6和15还能同时被几整除？

还能被3整除。

对啦。继续往下写。

$$
\begin{array}{r|cc}
2 & 36 & 90 \\
3 & 18 & 45 \\
3 & 6 & 15 \\
\hline
& 2 & 5
\end{array}
$$

虽然2和5能同时被1整除，但没必要继续写下去了。

是的，那就在这结束了。现在，你试着把左边的数相乘。

$2 \times 3 \times 3 = 18$。

18就是36和90的最大公因数。原来的两个数都能被最大公因数整除，$36 \div 18 = 2$，$90 \div 18 = 5$。

求三个数的最大公因数，方法也一样吗？

是的。数学漫画中出现的就是12，18，30三个数，这次我们来求它们的最大公因数。

我好像学会了。写成下面这样。

12	18	30

三个数可以同时除以 2，整理如下：

$$2\,\big|\,\underline{\quad 12 \quad 18 \quad 30 \quad}$$
$$6 \quad\; 9 \quad 15$$

6，9，15 再同时除以 3，整理如下：

$$2\,\big|\,\underline{\quad 12 \quad 18 \quad 30 \quad}$$
$$3\,\big|\,\underline{\quad 6 \quad\; 9 \quad 15 \quad}$$
$$2 \quad\; 3 \quad\; 5$$

2，3，5 除 1 之外不能再被其他数整除，就此结束！所以把左侧的 2 和 3 相乘得 6，6 就是它们的最大公因数。

答对了！做得真不错。

最大公因数的应用
把长方体芝士切成正方体的方法

我们来看几个最大公因数的应用实例。看下图，有一张长为18厘米，宽为12厘米的矩形纸张。

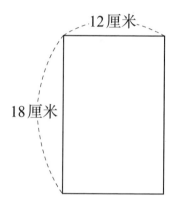

求能填满这张纸的最大正方形的边长。

边长为1厘米的正方形能够填满这张纸。

但它不是最大的正方形。边长为2厘米的正方形也能填满这张纸。

我们在下图中放入一个边长为a厘米的正方形。

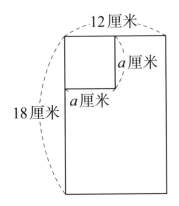

要想用这个正方形把纸张填满，就要 12 和 18 都能被 a 整除才行。

 那 a 得是 12 的因数，同时也得是 18 的因数。

 是的，a 得是 12 和 18 的公因数。

没错。a 是 12 和 18 的公因数，才能将纸张填满。我们要求出 a 的最大值，因此 a 必须是 12 和 18 的最大公因数。因为 12 和 18 的最大公因数是 6，所以边长为 6 厘米的正方形就是我们要找的最大的正方形。

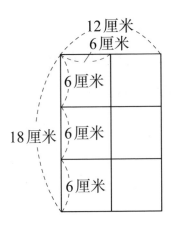

我懂了！数学漫画中就是要求长方体三条棱长度的最大公因数啊。

是的。既然要做正方体芝士，当然要做最大的，而且不能浪费。

还有其他应用最大公因数的例子吗？

当然有了。你求一下自然数中能整除42，同时除100还余2的数。在这类数中，最大的是多少？

哇！这也太难了。

你不要想得太复杂了。能整除42，说明这个数是42的因数呀。

那我知道啦。但是，"除100还余2"这一点我不太理解。

我们把这个自然数设为□。如果用这个自然数除42，可以写成42 = □ × 商；如果用这个数除100还余2，可以写成……

这个我来试试。可以写成100 = □ × 商 + 2。

所以100减2是98，98除以□，就可以写成98 = □ × 商。

啊哈！□里的数就是98的因数啊。

没错。□既是42的因数，同时也是98的因数，即

42 和 98 的公因数。

你让我求这类数中最大的，也就是求 42 和 98 的最大公因数。

用下式可以求出，42 和 98 的最大公因数是 14。

$$\begin{array}{r|rr} 2 & 42 & 98 \\ \hline 7 & 21 & 49 \\ \hline & 3 & 7 \end{array}$$

1. 求56和84的最大公因数。

2. 求28，36，52的最大公因数。

3. 一个数除198余6，除89余5，求满足这一条件的最大的数。

※自测题答案参考119页。

欧几里得算法

古希腊数学家欧几里得在其著作《几何原本》（又名《原本》）中记录了求两个数的最大公因数的方法——欧几里得算法，又称"辗转相除法"。例如，我们使用欧几里得算法尝试求55和240的最大公因数。首先，我们用两数中的较大数240除以较小数55还余20，式子如下：

```
          4
   55 ) 240
        220
         20
```

接着，用55除以20还余15。

```
          2
   20 ) 55
        40
        15
```

然后，用20除以15还余5。

```
          1
   15 ) 20
        15
         5
```

最后，用15除以5余0。像这样，最后余数为0，除数5即为两数的最大公因数。

较大数	较小数	
较大数除以较小数的余数		= A
较小数除以A的余数		= B
A除以B的余数		= C
B除以C的余数		= 0

欧几里得算法就是按照以上步骤进行计算的。此时，B除以C余0，所以C就是最大公因数。

倍数和最小公倍数

在整数除法中，如果商是整数且没有余数（或者说余数为 0），我们就说被除数是除数的倍数。对于两个或两个以上的数，它们共同的倍数叫作公倍数。在公倍数中，最小的数叫作最小公倍数。我们将在本专题中探讨求最小公倍数的方法及其应用。

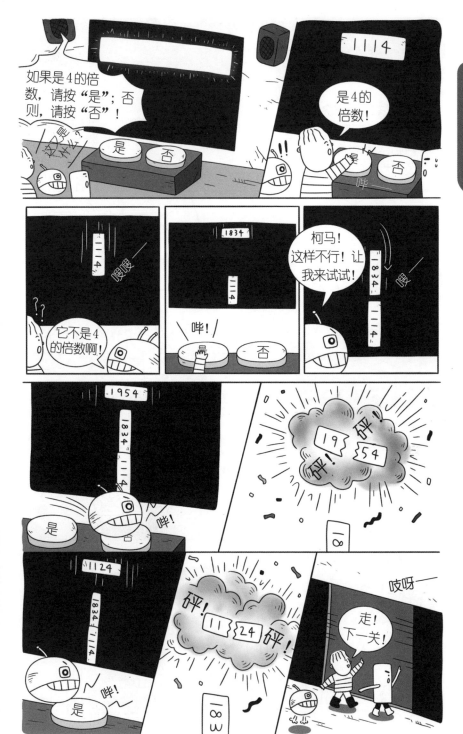

求倍数的方法
快速判断一个数是不是某数的倍数

你们俩是怎么快速判断一个数是不是某数的倍数的?

我是数学小达人嘛!

我之前预习过啦。

2 的 1 倍是 $2 \times 1 = 2$,2 的 2 倍是 $2 \times 2 = 4$,2 的 3 倍是 $2 \times 3 = 6$……像这样,是 2 的几倍(1 倍、2 倍、3 倍……)的数叫作 2 的倍数。因此,一个数除以另一个不为 0 的数,商是整数且没有余数,我们称被除数是除数的倍数。

2 的倍数都是偶数吧?

没错。所以如果一个数的最后一位是 0,2,4,6,8,它一定是 2 的倍数。

489 876 的最后一位是 6,所以是 2 的倍数吧。

8 986 555 的最后一位是奇数,它就不是 2 的倍数。

是不是很简单? 接下来,我来告诉你们判断 3 的倍数的方法。如果一个数的各个数位上的数之和是 3 的倍数,那么这个数就是 3 的倍数。

我来验证一下486。$4 + 8 + 6 = 18$，18是3的倍数，所以486是3的倍数。

那我来验证一下1 111。$1 + 1 + 1 + 1 = 4$，4不是3的倍数，所以1 111不是3的倍数。

你们太棒了。

但是为什么这样算呢?

看一下$6 + 9$。6是3的倍数，9也是3的倍数。这样3的倍数与3的倍数相加，还是3的倍数。

$6 + 9 = 15$，是3的倍数。

再来试一下486，这个数可以写成

$$486 = 400 + 80 + 6 = 4 \times 100 + 8 \times 10 + 6$$

我们可以继续将100拆分成3的倍数与1之和。

啊哈! $100 = 99 + 1$，99是3的倍数，没错吧?

类似地，我们还可以把10写成3的倍数与1之和。

$10 = 9 + 1$，9也是3的倍数。

所以，

$$4 \times 100 = 4 \times 99 + 4$$
$$8 \times 10 = 8 \times 9 + 8$$

整理可得$486 = 4 \times 99 + 8 \times 9 + (4 + 8 + 6)$

另外，是3的倍数的自然数与其他数相乘恒为3的倍数。因此，4×99 是 3 的倍数，$4 \times 99 + 8 \times 9$ 也是 3 的倍数。剩下的 $4 + 8 + 6$ 如果还是 3 的倍数，那么 486 就是 3 的倍数，也就是求 486 的三个数位上的数之和。

没错。

还有快速判断其他数的倍数的方法吗?

当然有啦。如果要判断一个数是不是 4 的倍数，我们只需看它的最后两位数。如果一个数的最后两位数是 4 的倍数，那么这个数就是 4 的倍数。

1 666 271 316 这个比较大的数是 4 的倍数，因为它的最后两位数 16 是 4 的倍数。

我知道判断 5 的倍数的方法! 如果一个数的最后一位数是 0 或 5，那这个数就是 5 的倍数。175 是 5 的倍数，189 不是 5 的倍数。

还有快速判断 9 的倍数的方法。如果一个数的各个数位上的数之和是 9 的倍数，那么这个数就是 9 的倍数。

117 是 9 的倍数，因为 $1 + 1 + 7 = 9$ 是 9 的倍数。

最后，我再告诉你们快速判断一个数是不是 11 的倍数的方法。如果一个数的奇数位之和与偶数位之和相等，或者差是 11 的倍数，那么这个数就是 11 的倍数。

53

什么意思？

 我们拿12 463举例。奇数位之和是 1 + 4 + 3 = 8，偶数位之和是 2 + 6 = 8，奇数位之和与偶数位之和相等。所以，12 463是11的倍数。再举一个例子，我们来看看9 196。奇数位之和是 9 + 9 = 18，偶数位之和是 1 + 6 = 7，奇数位之和与偶数位之和的差是 11，所以9 196是11的倍数。

公倍数和最小公倍数的关系

最小公倍数的求法及其应用

什么是最小公倍数?

我们先来了解一下什么是公倍数。你说说2的倍数有哪些。

2,4,6,8,10,12,14,16,18,…。

3的倍数呢?

3,6,9,12,15,18,…。

既是2的倍数,又是3的倍数的数叫作2和3的公倍数。一般来说,两个或两个以上的数,它们共同的倍数叫作它们的公倍数。

那么2和3的公倍数有6,12,18,…。

没错,而在这些公倍数中,最小的又称最小公倍数。

那么2和3的最小公倍数就是6咯。

我还发现一个有趣的现象,那就是2和3的公倍数都是两数最小公倍数的倍数。

是的。这就是公倍数和最小公倍数的关系。

教教我们求最小公倍数的方法吧。

我用24和60举例。和求最大公因数一样，先写出下面的式子：

$$24 \quad 60$$

两个数可以同时被哪个数整除？

两个数都是偶数，可以同时被2整除。

不错。把2写在左边。商写在两数的下方，就像下面的式子一样：

$$2 \mid \frac{24 \quad 60}{12 \quad 30}$$

12和30可以同时被几整除？

这两个数也都是偶数，可以同时被2整除。

没错，如下式：

$$\begin{array}{c|cc} 2 & 24 & 60 \\ 2 & 12 & 30 \\ \hline & 6 & 15 \end{array}$$

6和15都是3的倍数，可以同时除以3，商像下面这样写在6和15的下方。

```
2 | 24   60
2 | 12   30
3 |  6   15
      2    5
```

能同时整除2和5的数字只有1了。

同时除以1，商没有变化，计算到此为止。此时，最小公倍数就是左边的数和最后所得商的乘积。因此，24和60的最小公倍数是 $2 \times 2 \times 3 \times 2 \times 5 = 120$。

那三个数的最小公倍数怎么求？

这真是个好问题。如果求24，48，60的最小公倍数，还是像求三个数的最大公因数一样，把式子列出来，一步步计算。

```
2 | 24   48   60
2 | 12   24   30
3 |  6   12   15
      2    4    5
```

除了1以外，2，4，5没有可以同时被整除的数了。

求两个以上的数的最小公倍数和求它们的最小公因数的区别是，只要剩余的三个数中有两个数有能同时被整除的数，就要继续除下去。

2和4还可以同时被2整除，但2不能整除5……

能整除的数，把商写在数的下方，不能整除的数直接抄写在下方即可。看下面的式子：

$$
\begin{array}{r|ccc}
2 & 24 & 48 & 60 \\
2 & 12 & 24 & 30 \\
3 & 6 & 12 & 15 \\
2 & 2 & 4 & 5 \\
\hline
& 1 & 2 & 5
\end{array}
$$

↓抄写

现在剩下三个数1，2，5。在这三个数中，任意两个数还可以同时被1整除，除此之外，别无他数。

那么计算到此结束！把左边的数和下方的数相乘，得数就是三个数的最小公倍数。因此，24，48，60的最小公倍数是 $2 \times 2 \times 3 \times 2 \times 1 \times 2 \times 5 = 240$。

有在图形上运用最小公倍数的例子吗？

当然有啦。用长3厘米，宽2厘米的矩形图纸拼接成一个最小的正方形。这时，正方形的边长应该是多少厘米？

我找不到头绪……

矩形就是下图的模样。在它右边接一个矩形试看？

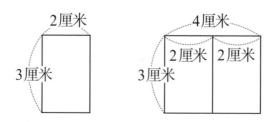

宽变成了多少？

4厘米。

没错，变成了2厘米的两倍。这次尝试在矩形的下边接一个相同的矩形，会变成什么样子呢？

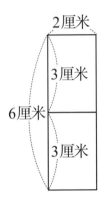

这次长度发生变化啦。

是的，长度变成了6厘米。因为6是3的2倍，所以，如果把矩形接在右边，宽度变成2的倍数；如果把矩形接在下边，长度变成3的倍数。也就是说，如果要在矩形的右边或下边接矩形拼成一个正方形，那么正方形的边长必须是2的倍数，同时也得是3的倍数。

那么正方形的边长是2和3的公倍数，它们的公倍数有6，12，…。

没错。看下图：

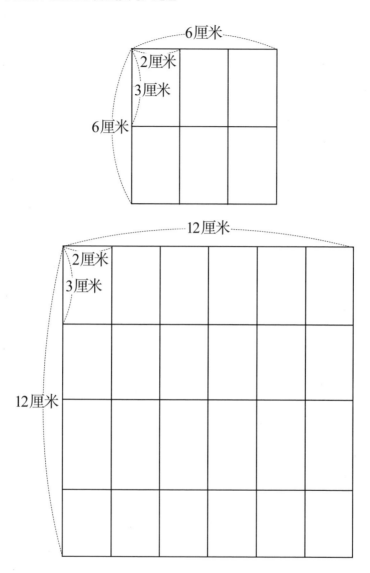

因为我们要拼成最小的正方形，所以边长应该是6
厘米。

没错。答案就是矩形图纸长和宽的最小公倍数。

原来如此。

再举一个生活中的例子吧。有一趟每隔12分钟发车的城郊公交车和一趟每隔18分钟发车的高速大巴，两趟汽车在上午9时同时发车，求两趟汽车在下午1时至1时30分之间同时发车的时间。

上午9时以后，城郊公交车的发车时间是9时12分、9时24分、9时36分，高速大巴的发车时间是9时18分、9时36分、9时54分。

两趟汽车同时在9时36分发车。

没错。36分是怎么求出来的呢？

36是12和18的最小公倍数。

那么每36分钟就会同时发车一次。

是的。当时间是12和18的公倍数时，两趟汽车同时发车。也就是两数的最小公倍数36的倍数。上午9时到下午1时有4个小时，4小时就是240分钟。而$36 \times 7 = 252$，即从上午9时开始的252分钟后，两趟汽车同时发车。$252 = 240 + 12$，所以，两趟汽车在下午1时12分再次同时发车。

这样就算出来啦。

原来最小公倍数是这样应用的呀！

数学在我们的日常生活中经常被这样灵活应用。

1. 求36和60的最小公倍数。

2. 100以内的自然数中，同时是4和6的倍数的数有多少个？

3. 某个分数与 $\frac{9}{2}$ 或 $\frac{12}{7}$ 的乘积均为正整数，求这个分数最小是多少。

※自测题答案参考120页。

最小公倍数的应用问题

某类自然数除以2余1，除以3余2，如何求这类自然数中最小的数？

将该数设为A，则A除以2余1，可用下式表示：

$$A = 2 \times 商 + 1$$

现在我们将A加1。2能整除$A+1$，即$A+1$是2的倍数。该数除以3余2，所以$A = 3 \times 商 + 2$，那么$A+1$是3的倍数。因此$A+1$既是2的倍数，也是3的倍数，即$A+1$是2和3的公倍数。

要求最小的数，就可转换成求2和3的最小公倍数，即$A+1 = 6$。

所以A是5。

质数的奥秘

除了1和它本身两个因数，再没有其他因数的正整数叫作质数（又称素数）。除了质数和1以外的数叫作合数。因此，所有的正整数可分为1（1既不是质数，也不是合数）、质数、合数。在质数中，还有两种有着有趣名字的质数——孪生质数和表兄弟质数，我们也将在本专题中进行学习。除此之外，我们还会探讨分解质因数的方法。

利用质数写成的秘密书信
老师的最后一课

真是一个感人的故事啊。

这篇漫画故事中的密语和质数有关。

质数是什么？

一个数，如果只有 1 和它本身两个因数，这样的数叫作质数（或素数）。

2 是质数。2 的因数只有 1 和 2。

3 也是质数。3 的因数只有 1 和 3。

那 4 呢？

4 的因数有 1，2，4，也就是说除了 1 和它本身，还有 2 这个因数。因此，4 不是质数。像 4 这样，除 1 和它本身外还有别的因数的数叫作合数。

那最小的质数是 1 吗？

1 不是质数。

1 的因数不是 1 和它本身吗？

质数有两个因数。因为 1 只有 1 这一个因数，所以它不是质数。

🔲 那么1是合数吗?

🤖 也不是。1既不是质数也不是合数。

👤 那就是说,所有的正整数分为1、质数、合数这三类?

🤖 没错。

寻找质数的方法
埃拉托色尼筛法

👤 有没有用于寻找质数的简便方法?

🤖 当然有了。公元前3世纪,古希腊的埃拉托色尼发明了一种方法。

👤 什么样的方法呢?

🤖 下面教你们用这种方法找出1到50中所有的质数。首先把1到50写在下方。

1	2	3	4	5	6	7	8	9	10
11	12	13	14	15	16	17	18	19	20
21	22	23	24	25	26	27	28	29	30
31	32	33	34	35	36	37	38	39	40
41	42	43	44	45	46	47	48	49	50

1不是质数，去掉。

	2	3	4	5	6	7	8	9	10
11	12	13	14	15	16	17	18	19	20
21	22	23	24	25	26	27	28	29	30
31	32	33	34	35	36	37	38	39	40
41	42	43	44	45	46	47	48	49	50

接下来呢?

 2是质数，留下。2的倍数全部去掉。

	2	3		5		7		9
11		13		15		17		19
21		23		25		27		29
31		33		35		37		39
41		43		45		47		49

然后呢?

 留下3，去掉3的倍数。

	2	3		5		7		
11		13				17		19
		23		25				29
31				35		37		
41		43				47		49

下面是留下 4，去掉 4 的倍数吗？

不是的，4 已经去掉了，4 是 2 的倍数。这个方法只适用于质数。2 和 3 后面的质数是 5，留下 5，把 5 的倍数全部去掉。

	2	3		5		7		
11		13				17		19
			23					29
31						37		
41		43				47		49

那接下来呢？　6 也是 2 的倍数，也已经去掉了。

下一个质数是 7，留下 7，把 7 的倍数全部去掉吗？

没错。这样只剩下以下几个数：

	2	3		5		7		
11		13				17		19
			23					29
31						37		
41		43				47		

这样的话，下一个质数是 11。留下 11，把 11 的倍数全部去掉。11 的倍数有 11，22，33，44，这些数先前都已经去掉了。

好了。现在就只剩下质数了。所以50以内的质数有2，3，5，7，11，13，17，19，23，29，31，37，41，43，47。

孪生质数和表兄弟质数
名字有趣的质数

有些质数的名字很有趣。

名字有趣的质数？是什么质数呢？

当两个质数的差为2时，这两个质数被称为孪生质数。

那2和3不是孪生质数啊，它俩的差是1。

3和5是孪生质数。

是的。我们来找找看有几对孪生质数。3和5，5和7，11和13，17和19，29和31都是孪生质数。随着数字的增大，孪生质数的出现频率也越来越低。著名的数学家希尔伯特在1900年国际数学家大会正式提出了如下猜想：

存在无穷多个质数 p，使得 $p+2$ 是质数

这一猜想是数学研究中一个著名的未解之谜，无

数数学家、数学爱好者一直在试图证明它。

 还有一种质数叫表兄弟质数。

表兄弟质数?

当两个质数的差为4时,这两个质数被称为表兄弟质数。

3和7是表兄弟质数。

7和11也是表兄弟质数。

是的。3和7,7和11,13和17,19和23,37和41,43和47都是表兄弟质数。如果孪生质数的猜想成立,那么表兄弟质数也存在无穷多个。

分解质因数
用质数乘积表示自然数

接下来,我们来学习分解质因数。

分解质因数?这个词听上去就很难。

我已经开始头疼了!数钟,你能像之前那样用有趣的方式给我们讲吗?

当然可以,相信我!将一个数用质数相乘的形式表示出来，叫作分解质因数。

好的，这句话不难理解。将大的数用小的质数的乘积表示出来。我们又得费尽力气找质数了吧。

是的。这次我们以60为例分解质因数，有两种方法。我们先看第一种。先将60写成两数的乘积。例如，像下面这样，拆成2×30。

2是质数，留下。再把30拆分成两数的乘积。例如，30 = 2×15可以像下面这样再展开。

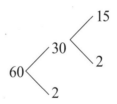

然后把15分解，像这样15 = 3×5。

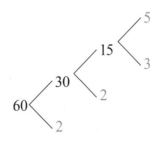

现在不能再分解了。式子中出现了哪些质数呢？

把60分解质因数为 $60 = 2 \times 2 \times 3 \times 5$。分解质因数后出现的质数叫作质因数。所以，60的质因数是 2，3，5。

第二种方法是什么？

第二种方法是从小的质数开始，依次分解。60除以质数2等于30，式子可以写成下面这样：

$$\begin{array}{r|r} 2 & 60 \\ \hline & 30 \end{array}$$

30再除以质数2等于15，没错吧？继续往下写。

$$\begin{array}{r|r} 2 & 60 \\ \hline 2 & 30 \\ \hline & 15 \end{array}$$

15除以2除不尽，那就除以3，商是5。

$$\begin{array}{r|r} 2 & 60 \\ \hline 2 & 30 \\ \hline 3 & 15 \\ \hline & 5 \end{array}$$

5是质数，到此为止。所以将60分解质因数为 $60 = 2 \times 2 \times 3 \times 5$。

原来如此。虽然两种方法看似不同，但得到的结果是一样的。

▶▶ 概念整理自测题

1. 下列数中不是质数的是?

 （A）19　　　　（B）111　　　　（C）131

2. 将210分解质因数。

3. 180的质因数有几个?

※自测题答案参考121页。

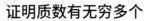
证明质数有无穷多个

试证明质数有无穷多个。例如，假设5是最大的质数。那么，质数有2，3，5三个。这时，假设有数字 q：

$$q = 2 \times 3 \times 5 + 1$$

q 比2，3，5都大，且 q 除以2余1，除以3余1，除以5还余1。也就是说 q 也是质数。这是不是很矛盾呢？我们假设"最大的质数是5"，但事实证明还存在更大的质数。因此，这个假设本身就是错误的。即，不存在最大的质数，质数有无穷多个。

假设质数的个数有限，那么存在最大的质数 p。现有 $q = 2 \times 3 \times 5 \times 7 \times \cdots \times p + 1$。

如果 q 是质数，那 q 比 p 大，与假设矛盾。

如果 q 是合数，那么 q 必有质因数。但 q 不能被2，3，5，7，$\cdots$，p 中的任何质数整除，其必有大于 p 的质因数。这与"最大的质数 p"这一条件矛盾。

故质数的个数不是有限的。即，质数有无穷多个。

寻找质数

我们将在本专题中学习多种判别质数的方法，并详细了解生成梅森素数（质数又称"素数"，梅森素数一词在数学界更常用）的方法和欧拉的质数公式。此外，我们还将探讨利用阶乘的简便质数判断法——威尔逊定理，以及尚未被证明的世界三大数学难题之一——哥德巴赫猜想。质数是众多数学家感兴趣的领域，让我们一起开启本专题的学习吧。

梅森公式
质数的规律

这次的数学漫画与梅森素数有关。

梅森？

梅森是17世纪法国的一位数学家，他发现了一种质数公式。

是怎样的公式呢？

多个2相乘后减去1，相乘的次数如果是质数，那么结果也可能是质数。我们先来看几个质数：

$$2，3，5，7，11$$

试试2个2相乘再减1。

这还不简单。$2 \times 2 - 1 = 3$，3是质数。

3个2相乘再减1是 $2 \times 2 \times 2 - 1 = 7$，7也是质数！

这次我将5个2相乘。

$$2 \times 2 \times 2 \times 2 \times 2 - 1 = 31$$

哇！还是质数！

7个2相乘试试看。

$$2 \times 2 \times 2 \times 2 \times 2 \times 2 \times 2 - 1 = 127$$

天哪！依然是质数。这样乘下去的话，得数恒为质数吗？

是吗？多乘几次试试！

这次我们将 11 个 2 相乘：

$$2 \times 2 \times 2 \times 2 \times 2 \times 2 \times 2 \times 2 \times 2 \times 2 \times 2 - 1 = 2\,047$$

还是质数，没错吧？

不。2 047 不是质数，2 047 = 23 × 89。

对，2 047 是合数。

用梅森公式得出的数并不一定是质数。但是利用该公式得出的质数我们称之为梅森素数。当 2 相乘的次数是 2，3，5，7，13，17，19，31，61，89 时，得数是质数。因此，127 后面的梅森素数是 13 个 2 相乘减 1，即

$$2 \times 2 \times 2 \times 2 \times 2 \times 2 \times 2 \times 2 \times 2 \times 2 \times 2 \times 2 \times 2 - 1 = 8\,191$$

啊哈！现在我明白啦。数学漫画中笔记本电脑的密码提示 3，7，31，127，规律就是梅森素数，所以密码是 8 191。

真的吗？

你终于发现了。

话题：质疑寻找质数公式大赛
第一名的答案

回复：33 337也不是质数。33 337的因数有1, 17, 37, 53, 629, 901, 1 961, 33 337。

回复：3 333 337也不是质数。3 333 337的因数有1, 7, 31, 217, 15 361, 107 527, 476 191, 3 333 337。

回复：这完全错了。

回复：这是什么质数公式啊。

回复：取消他的奖项！

回复：这难不成是傻瓜们的数学大赛？

寻找质数公式大赛

本次大赛无获奖者，
特此告知。

事由：第一名获奖者的质数公式
存在重大错误，故取消颁奖。

费曼尼亚电子公司

欧拉的质数公式
发现生成质数的公式

哇，光看数学漫画就知道寻找质数公式不是一件简单的事。

当然了。众多数学家到目前为止还在进行研究呢。但是质数也不是特别神秘的数。

除了梅森素数的规律外，没有其他的公式了吗?

当然还有。我们先不谈比较复杂的公式，来看一个简单的。有以下式子：

$$\square \times \square + \square + 41$$

在□里填入0试试看。

这还不简单，等于41。

41是质数。再在□中填入1。

填入1的话，式子变成 $1 \times 1 + 1 + 41 = 43$，43也是质数。

这可真神奇。接下来再在□里填入2，得数是47，也是质数。

是的，这真有意思。在□里填入3的话是53，还是质数!

数学家欧拉发现了这个公式，如果在□里填入 0 至 10 的话，会出现下列质数：

41，43，47，53，61，71，83，97，113，131，151

这个公式对□=1，2，3，…，40 都是正确的，但后来有人进一步验证后发现这个公式不能对所有的自然数都成立。

威尔逊定理
利用阶乘判断质数的简便方法

 接下来，我要教你们一种判断一个数是不是质数的方法。这个方法是英国数学家威尔逊在 1770 年提出的。在开始之前，我们先来了解一下阶乘。

 什么是阶乘？

 一个数的阶乘指的是将正整数从 1 开始，按顺序连乘到该数为止。

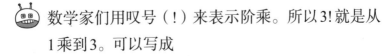 3 的阶乘是从 1 到 3 按顺序连乘到 3，也就是 1×2×3 啊。

 数学家们用叹号（！）来表示阶乘。所以 3! 就是从 1 乘到 3。可以写成

$$3! = 1 \times 2 \times 3$$

"3!"读作"3的阶乘"。

如果按顺序将数连乘的话，数会变得很大，所以用了表示惊叹的叹号。以下是几个数的阶乘：

$$1! = 1 = 1$$
$$2! = 1 \times 2 = 2$$
$$3! = 1 \times 2 \times 3 = 6$$
$$4! = 1 \times 2 \times 3 \times 4 = 24$$
$$5! = 1 \times 2 \times 3 \times 4 \times 5 = 120$$
$$6! = 1 \times 2 \times 3 \times 4 \times 5 \times 6 = 720$$

数真的会变得很大呢。

威尔逊提出公式

$$(\square - 1)! + 1$$

在□内依次填入2或大于2的正整数，如果□里的是质数，我们就可以发现（□−1）! ＋1是□里数的倍数。

真的是这样吗？

当然是真的。若在□里填入2，

$$(\square - 1)! + 1 = (2 - 1)! + 1 = 1! + 1 = 2$$

是2的倍数。

因为2是质数。

90

在□里填入 3，

$$(□-1)! + 1 = (3-1)! + 1 = 2! + 1 = 3$$

果然也是 3 的倍数。

因为 3 是质数。

在□里填入 4，

$$(□-1)! + 1 = (4-1)! + 1 = 3! + 1 = 7$$

7 不是 4 的倍数。

因为 4 不是质数。

继续往下，在□里填入 5，

$$(□-1)! + 1 = (5-1)! + 1 = 4! + 1 = 25$$

是 5 的倍数。

因为 5 是质数。

在□里填入 6，

$$(□-1)! + 1 = (6-1)! + 1 = 5! + 1 = 121$$

不是 6 的倍数。

因为 6 不是质数。

这真是个有趣的规律呢。

没错。这个规律还在 1773 年被法国数学家拉格朗日证明了呢。

哥德巴赫猜想

尚未被证明的世界三大数学难题之一

下面我要告诉你们一个尚未被证明的有趣猜想。如果你们能够将这个猜想证明出来，那你们就可以说是世界上最优秀的数学家。

我要挑战！

最近我也对数学有了点信心，非常想挑战一下！

这可不简单啊！这是世界三大数学难题之一。

挑战一下总是可以的吧！

好，这将是一次有意义的挑战。1742年，德国数学家哥德巴赫给欧拉写了这样一封信。来看看数学漫画吧！

比2大的偶数……把4用两个质数之和表示出来的话，是4 = 1 + 3，对吗？

不对，1不是质数。4可以表示为4 = 2 + 2，2是质数，这样就是两个质数之和。

我来试试6。把6用两个数之和表示出来的方法有6 = 1 + 5，6 = 2 + 4，6 = 3 + 3，但是1和4不是质数，所以只有用6 = 3 + 3来表示，才是两个质数之和。

干得不错。8和10用两个质数之和表示的话，分别是8 = 3 + 5，10 = 3 + 7。

这真是个有趣的猜想啊。

1. $2 \times 2 \times 2 \times 2 \times 2 \times 2 \times 2 \times 2 \times 2 \times 2 \times 2 \times 2 \times 2 \times 2 \times 2 - 1$ 的值是质数吗?

2. 用两个质数之和表示12。

3. $(8-1)! + 1$ 是8的倍数吗?

※自测题答案参考122页。

完全数的生成公式

我们来了解一下寻找完全数的一般方法。首先，依次写下2的乘方。

$$1, 2, 4, 8, 16, 32, 64$$

将这些数依次相加，如下：

$$1 + 2 = 3$$
$$1 + 2 + 4 = 7$$
$$1 + 2 + 4 + 8 = 15$$
$$1 + 2 + 4 + 8 + 16 = 31$$
$$1 + 2 + 4 + 8 + 16 + 32 = 63$$
$$1 + 2 + 4 + 8 + 16 + 32 + 64 = 127$$

其中，3，7，31，127是质数，而15和63不是质数。接着，把最终结果不是质数的式子去掉，还剩下以下几个式子。

$$1 + 2 = 3$$
$$1 + 2 + 4 = 7$$
$$1 + 2 + 4 + 8 + 16 = 31$$
$$1 + 2 + 4 + 8 + 16 + 32 + 64 = 127$$

最后，把每个式子中的最后一个加数与和相乘，便能生成完全数。

第一个式子　　　$2 \times 3 = 6$

第二个式子　　　$4 \times 7 = 28$

第三个式子　　　$16 \times 31 = 496$

第四个式子　　　$64 \times 127 = 8\,128$

求得的结果都是完全数。

费马大定理

　　被称为史上最大数学难题之一的"费马大定理"，在1994年终于得以证明。就定理本身而言，内容非常简单，小学生也能轻松理解。然而，一众顶尖的数学家挑战了近350年也未能将其证明。1963年，一位年仅10岁，名叫怀尔斯的少年向这个难题发起了挑战，耗费30多年心血，最终成功地将其证明。这位少年自幼便心怀梦想，不断向难题发起挑战，最终得以实现梦想。让我们跟随这位少年的脚步，一起来了解一下费马大定理吧。

证明费马大定理
10 岁少年怀尔斯的挑战

费马是个什么样的人呢？一般数学家都是大学教授或者数学研究员。

费马既不是教授，也不是研究员。

那他是做什么的？

他是一名律师。

什么？律师？律师研究数学？

费马是一名律师，退休后喜欢浏览与数学相关的书籍，而且他喜欢把自己研究数学的新成果写信寄给数学家们。

太厉害了。

律师和数学家，完全是两个职业啊。

对啊。费马最喜欢的书是古希腊数学家丢番图的《算术》。费马反复阅读过多次，感受到了丢番图难题所蕴含的乐趣。

丢番图难题？

简单来说，丢番图想要找出满足 $\square + \triangle = 3$ 这个式子的正整数。

这还不简单。□ = 1，△ = 2，或者□ = 2，△ = 1。

没错。丢番图难题由此可以转化成毕达哥拉斯难题，用容易理解的方法说就是：

$$□ × □ + △ × △ = 25$$

哇！这看上去很难。

那么，我们从□ = 1开始按顺序改变□的值，再找出对应的△。如果□ = 1的话，$1 × 1 + △ × △ = 25$，即$1 + △ × △ = 25$。

那么△ × △ = 24，但是没有两个相乘等于24的整数。

那这次试试让□ = 2。

$2 × 2 + △ × △ = 25$，即$4 + △ × △ = 25$。所以，△ × △ = 21。

也没有两个相同的整数相乘等于21。

再试试让□ = 3。

这样的话$3 × 3 + △ × △ = 25$，即$9 + △ × △ = 25$，所以△ × △ = 16才可以。哦！ $16 = 4 × 4$。

那么，△ = 4。

没错。同样地，如果□ = 4的话，$4 × 4 + △ × △ = 25$，即$16 + △ × △ = 25$，所以△ × △ = 9才可以。

$9 = 3 \times 3$，所以 $\triangle = 3$。

所以 $\square = 3$，$\triangle = 4$；或者 $\square = 4$，$\triangle = 3$。

25 可以写成 $25 = 5 \times 5$，对吧？所以满足 $\square \times \square + \triangle \times \triangle = \diamondsuit \times \diamondsuit$ 的自然数是 $\square$、$\triangle$、$\diamondsuit$ 三个。$\square = 3$，$\triangle = 4$，$\diamondsuit = 5$ 或者 $\square = 4$，$\triangle = 3$，$\diamondsuit = 5$ 即可。费马把相同的数两次相乘转换成多次相乘。相同的数三次相乘，就变成了

$$\square \times \square \times \square + \triangle \times \triangle \times \triangle = \diamondsuit \times \diamondsuit \times \diamondsuit$$

费马试图寻找满足这个公式的正整数 $\square$、$\triangle$、$\diamondsuit$。

他找到了吗？

没有。没有那样的正整数，所以费马认为满足 $\square \times \square \times \square + \triangle \times \triangle \times \triangle = \diamondsuit \times \diamondsuit \times \diamondsuit$ 的正整数 $\square$、$\triangle$、$\diamondsuit$ 不存在。费马还假设把相同的数四次、五次相乘的情况，也就是 $\square \times \square \times \square \times \square + \triangle \times \triangle \times \triangle \times \triangle = \diamondsuit \times \diamondsuit \times \diamondsuit \times \diamondsuit$，或 $\square \times \square \times \square \times \square \times \square + \triangle \times \triangle \times \triangle \times \triangle \times \triangle = \diamondsuit \times \diamondsuit \times \diamondsuit \times \diamondsuit \times \diamondsuit$。在这些情况下，也没有找到满足条件的正整数 $\square$、$\triangle$、$\diamondsuit$。费马进一步扩展公式为将相同的数相乘任意次数，还是找不到满足条件的正整数 $\square$、$\triangle$、$\diamondsuit$。然而，费马并没有给出他的证明方式，所以，这一定理在被证明前又

被称为"费马猜想"。

那么，是谁证明了它呢？我好像听说费马大定理已经被证明了呀？

是的。众多数学家都想要证明费马大定理。当相同的数四次相乘时，没有满足条件的自然数 □、△、◇，这种情况费马已经证明，而之后约350年的时间里，一般认为费马大定理没有得到证明。直到美国普林斯顿大学的教授安德鲁·怀尔斯于1993年6月在英国牛顿研究所内，在世界数学家面前证明了费马大定理。专家还对此证明进行了验证，结果在同年12月4日，怀尔斯的证明被发现有漏洞。第二年，即1994年，怀尔斯和数学家泰勒一起修复了这个漏洞。就这样，怀尔斯在1994年10月6日宣布，费马大定理得到了完美的证明。

约350年未解的问题终于得以证明。

更令人震惊的是，怀尔斯第一次下定决心要证明费马大定理，是在他10岁的时候。

10岁？

怀尔斯的父亲将《费马大定理》这本书当作生日礼物送给了喜欢数学的怀尔斯，读完这本书的怀尔斯把自己的目标定为证明费马大定理。而事实上，历经了30多年的努力，他才最终将其证明。

哇，这真是个了不起的挑战啊。

是啊。这30多年他得多努力地学习啊。真是太令人佩服了！

1. 求满足 $2^3 \times 2^4 = 2^{\triangle}$ 的 $\triangle$ 的值。

2. 求满足 $2^8 \div 2^4 = 2^{\triangle}$ 的 $\triangle$ 的值。

3. 求满足 $5 \times 5 + \triangle \times \triangle = 13 \times 13$ 的自然数 $\triangle$ 的值。

※自测题答案参考123页。

费马的质数公式

1640年，费马发表了一个生成质数的公式，具体如下：

$$2^{2^N} + 1$$

将0，1，2，3，…代入公式中的 N，费马认为得数恒为质数。按照他的想法，将 $N = 0$ 代入式子，$2^0 = 1$，所以 $2^{2^N} + 1$ 即 $2^1 + 1$ 等于3。按顺序将0，1，2，3，4，5依次代入式子中的 N，分别得到3，5，17，65 537，4 294 967 297，所以他推断这个公式的结果均为质数。但是在1732年，欧拉凭借其超人的计算能力发现 4 294 967 297 不是质数。根据他的计算，4 294 967 297 = 6 700 417 × 641，故 4 294 967 297 不是质数。

专题 **总结**

附　录

[数学家的来信]

费马

[论文]

证明3的倍数、4的倍数及7的倍数的判定法

概念整理自测题答案

术语解释

费马
(Pierre de Fermat)

大家好！我就是因费马大定理而名声大噪的费马。1601年，我出生于法国塔恩-加龙省的博蒙-德洛马涅。我父亲多米尼克·费马是当地的副领事，同时还经营着一家皮革店，我母亲克拉莱·德·罗格出身于法医学世家，而我小时候是个很普通的学生。

1623年，我进入奥尔良大学攻读法律专业，于1626年毕业。我非常喜欢语言，所以除了母语法语之外，我还会说拉丁语、希腊语、意大利语、西班牙语等。

大学毕业后，我在法国西部的波尔多从事律师工作。

这一时期，我阅读了很多书，看过古希腊数学家阿波罗尼奥斯的论文后，我沉迷于数学之美，开始把学习数学作为业余爱好。每当我说自己是一名律师而不是数学家时，人们通常会大吃一惊。当然，也可以说我是一名热爱数学的律师。

慢慢地，我沉迷于数学的美妙之中，对数学的研究也逐渐深入。因此，我可以和笛卡儿、梅森等著名的数学家进行书信往来。

大部分人认为是牛顿和莱布尼茨首先发明了微分和积分，但其实最先提出微分和积分概念的人却是我。我研究了如何绘制接近曲线的直线，这后来发展成微分。

我找到了确认某个量何时最大、何时最小的方法。利用这一方法，我发现当光线反射时，入射角和反射角相同；光线总是沿着时间最短的路径旅行。此外，我还阅读了丢番图的书籍，然后又沉浸到整数的神秘当中。所以，我对质数进行了大量的研究。我把数学研究作为我一生的兴趣，发表了著名的"费马大定理"。具体内容如下：

$$当整数 n > 2 时，$$
$$不存在满足 X^n + Y^n = Z^n 的正整数解。$$

不管证明过程有多完美，我也不愿发表论文。因为人们看了论文后会向我提无数的问题，这对于我来说太麻烦了。所以，我在我看的书的空白处用小字将该定理记了下来，并写下了"空白有限，证明省略"这一串文字。在我去世后，我的儿子整理了我曾研究过的数学资料，并将其公之于世，此时我的研究内容才广为人知。很多数学家都跃跃欲试，想要证明我的定理。

瑞士数学家欧拉查阅了大量资料，发现我已经证明了 n 是 4 的情况。他以此为基础，证明了 n 是 3 的情况，但是欧拉无法证明 n 是大于 2 的任意整数的情况。在我 1665 年去世后的 200 多年间，除了几种特殊情况被证明之外，再没有其他进展。19 世纪初，法国科学院发布公告——"向证明费马大定理的人授予 3 000 法郎奖金和金质奖章"。据说，当时最优秀的数学家高斯向很多人建议去挑战这个问题，而他自己却断定这个问题无解，根本没有参与。更讽刺的是，高斯认为无法解决的这个问题，最终成为他打开复质数大门的钥匙。

随着计算机的出现，越来越多的人觉得费马大定理是正确的，但谁也无法针对所有大于 2 的整数进行证明，费马大定理似乎成了一个永远无法解决的问题。又过了很长一段时间，直到 1994 年，英国数学家安德鲁·怀尔斯终于给出了证明。

怀尔斯10岁时接触到了费马大定理，并将解决这一难题确立为自己的目标。之后30多年的时间里，他为解决这个问题而不断努力，最终完美地将其证明。

在大约350年的时间里，无数伟大的数学家向费马大定理发起了挑战，而它最终也得以证明——就在怀尔斯实现儿时梦想的瞬间。

证明3的倍数、4的倍数及 7的倍数的判定法

吴培秀，2021年（山顶小学）

摘要

本研究旨在证明3的倍数、4的倍数及7的倍数的判定法。

1. 绪论

倍数和因数在生活中很常用。关于是谁首次定义了倍数和因数，历史上没有明确的记载。而对于最大公因数和最小公倍数的研究，以及因数和倍数性质的研究，在古希腊数学家欧几里得的著作《几何原本》中有所介绍。通过这本书，我们可以知道欧几里得求最大公因数的新方法，这一方法被称为"欧几里得算法"。

2. 任意三位数为3的倍数的判定法的证明

以三位数387为例，该数可以分解成下式：

$$387 = 3 \times 100 + 8 \times 10 + 7$$

由此可知，任意的三位数可以写作：

$$a \times 100 + b \times 10 + c \qquad （1）$$

此时，a 不能是 0，而只能是 1 到 9 中的任意一个数字。现在，我们来看一下三位数为 3 的倍数需要满足的条件。

由于 $100 = 99 + 1$，$10 = 9 + 1$，因此我们可以把式（1）转化成式（2）：

$$\begin{aligned} & a \times 100 + b \times 10 + c \\ =\ & a \times (99 + 1) + b \times (9 + 1) + c \end{aligned} \qquad （2）$$

根据乘法分配律，可转化成式（3）：

$$a \times 100 + b \times 10 + c = a \times 99 + a + b \times 9 + b + c \qquad （3）$$

将式（3）重新整理，可得

$$\begin{aligned} & a \times 100 + b \times 10 + c \\ =\ & (a \times 99 + b \times 9) + a + b + c \end{aligned} \qquad （4）$$

因为 99 是 3 的倍数，9 也是 3 的倍数，所以 $a \times 99 + b \times 9$ 是 3 的倍数之和，也是 3 的倍数。因此，如果 $a + b + c$ 是 3 的倍数，任意三位数 $a \times 100 + b \times 10 + c$ 就是 3 的倍数。

3. 任意四位数为 4 的倍数的判定法的证明

现在我们再来探究一下任意四位数为 4 的倍数所需

的条件。任意的四位数可以写作：

$$a \times 1\,000 + b \times 100 + c \times 10 + d \qquad （5）$$

此时，a不能是0，而只能是1到9中的任意一个数字。

$1\,000 = 4 \times 250$，$100 = 4 \times 25$，$1\,000$和100都是4的倍数。所以$a \times 1\,000 + b \times 100$也是4的倍数。

因此，如果$c \times 10 + d$是4的倍数，那么该数就是4的倍数。也就是说，如果任意四位数的末尾两位数是4的倍数，那么该数就是4的倍数。

4. 任意五位数为7的倍数的判定法的证明

接下来，我们再来考查一下任意五位数为7的倍数所需的条件。任意的五位数可写作：

$$a \times 10\,000 + b \times 1\,000 + c \times 100 + d \times 10 + e \qquad （6）$$

此时，a不能是0，而只能是1到9中的任意一个数字。

由于$143 \times 7 = 1\,001$，$1\,430 \times 7 = 10\,010$，式（6）可转化成式（7）：

$$a \times （1\,430 \times 7 - 10） + b \times （143 \times 7 - 1） \\ + c \times 100 + d \times 10 + e \qquad （7）$$

根据乘法分配律，式（7）可转化成式（8）：

$$a \times 1\,430 \times 7 + b \times 143 \times 7 + c \times 100 \\ + d \times 10 + e - （a \times 10 + b） \qquad （8）$$

在式（8）中，$a \times 1\,430 \times 7 + b \times 143 \times 7$ 是7的倍数，如果剩余几项也是7的倍数，那么该数就是7的倍数。

因此，任意的五位数如果是7的倍数，就要满足 $c \times 100 + d \times 10 + e - (a \times 10 + b)$ 是7的倍数。也就是说，如果一个五位数的后三位数减去前两位数是7的倍数，那么该五位数就是7的倍数。

1. 1，2，4，5，10，20，25，50，100。

2. 除1以外，140的真因数之和是2 + 4 + 5 + 7 + 10 + 14 + 20 + 28 + 35 + 70 = 195。

   除1以外，195的真因数之和是3 + 5 + 13 + 15 + 39 + 65 = 140。

   除1以外的真因数之和与另一数相同的两数是半亲和数。因此140和195是半亲和数。

3. 1，2，3，4，6，12。

   提示：找到12的因数即可。

走进数学的
奇幻世界！

1. 28。

提示：56的因数有1，2，4，7，8，14，28，56；84的因数有1，2，3，4，6，7，12，14，21，28，42，84。

2. 4。

提示：计算方法如下。

$$
\begin{array}{r|ccc}
2 & 28 & 36 & 52 \\
2 & 14 & 18 & 26 \\
\hline
 & 7 & 9 & 13
\end{array}
$$

3. 12。

提示：所求的数是198－6＝192和89－5＝84的最大公因数12。

1. 180。

2. 8个。

   提示：两数的公倍数是最小公倍数的倍数。4和6的最小公倍数是12，因此，100以内的自然数中，12的倍数有8个。

3. $\dfrac{14}{3}$。

   提示：要想使乘积是正整数，相乘分数的分子应为两分数分母2和7的最小公倍数。因此，分子是14。且这个分数要最小，则相乘分数的分母应为两分数分子9和12的最大公因数。因此，分母是3。

走进数学的奇幻世界！

1. （B）。

提示：因为111是3的倍数，所以不是质数。

2. $210 = 2 \times 3 \times 5 \times 7$。

3. 因为$180 = 2 \times 2 \times 3 \times 3 \times 5$，所以180的质因数有2，3，5三个。

1. 利用计算器求得的值是32 767，它的因数有
   1，7，31，151，217，1 057，4 681，32 767，
   所以32 767不是质数。

2. $12 = 5 + 7$。

3. 因为8不是质数，所以（$8 - 1$）! $+ 1$ 不是8的
   倍数。

走进数学的
奇幻世界！

1. $\triangle = 3 + 4 = 7$。

2. $\triangle = 8 - 4 = 4$。

3. 12。

提示：$5 \times 5 + \triangle \times \triangle = 13 \times 13$，$25 + \triangle \times \triangle = 169$，所以 $\triangle \times \triangle = 144 = 12 \times 12$。因此，$\triangle = 12$。

术语解释

安德鲁·怀尔斯

安德鲁·怀尔斯，1953年出生于英国，是普林斯顿大学的一名数学教授，他证明了费马大定理。

倍数

在整数除法中，如果商是整数且没有余数（或者说余数为0），我们说被除数是除数的倍数。

表兄弟质数

差为4的两个质数叫作表兄弟质数。

费马

费马，1601年出生于法国。他既不是数学教授，也不是数学研究员，而是一名律师，酷爱数学。

费马大定理

费马关于整数的猜想。当整数 $n>2$ 时，不存在满足 $X^n + Y^n = Z^n$ 的正整数解。

术语解释

分解质因数

将一个数以质数乘积的形式表示出来，叫作分解质因数。

哥德巴赫猜想

所有大于2的偶数都可表示为两个质数之和，这就是哥德巴赫猜想。

公倍数

两个或两个以上的数，它们共同的倍数叫作公倍数。

公因数

两个或两个以上的数，它们共同的因数叫作公因数。1是任意两个或两个以上的数的公因数。

合数

一个数，如果除了1和它本身还有别的因数，这样的数叫作合数。1既不是质数也不是合数。

术语解释

亏数
真因数之和小于它本身的数叫作亏数。

孪生质数
差为2的两个质数叫作孪生质数。

梅森素数
多个2相乘后减去1，相乘的次数如果为质数，那么所得结果中的质数叫作梅森素数。

欧拉的质数公式
欧拉发现的质数生成公式。分别将0，1，2，3，…，40填入□×□＋□＋41，就会得到质数。在□里填入从0到10的数，得到的质数分别是41，43，47，53，61，71，83，97，113，131，151。

完全数
等于自身真因数之和的数叫作完全数。例如，

术语解释

$6 = 1 + 2 + 3$，真因数1，2，3的和等于6，所以6是完全数。

因数
在整数除法中，如果商是整数且没有余数（或者说余数为0），我们就说除数是被除数的因数（也称约数）。例如，3是6的因数。

因数的个数
根据因数的个数，自然数可分为以下几类：1的因数的个数是1个；2，3，5，7，11等质数的因数的个数是2个；4，6，8，9，10等合数的因数的个数是3个或3个以上。

盈数
真因数之和大于它本身的数叫作盈数。

真因数
除自身以外的因数就是该数的真因数。例如，

6的真因数有1，2，3。

质数

一个数，如果只有1和它本身两个因数，这样的数叫作质数（或素数）。

最大公因数

公因数中最大的数叫作最大公因数。

最小公倍数

公倍数中最小的数叫作最小公倍数。